將 美 味 禮 物 獻 給 珍 貴 的 你 ✄

不困難！繽紛綻放小擠花

長 嶋 清 美

U0056511

瑞昇文化

✂ 前言

我一直想做出一種點心，

讓人看了就心蕩神馳，

感到幸福萬分，

入口美味無比。

並且，令人幸福滿足。

從頭全部自己動手，

也許太困難了，

先將市售的點心

稍微裝飾一下，

或許你對於做點心

就會開始感興趣。

希望大家在心裡想著重要的人，

同時也為了自己，開心地做甜點，

這就是我最大的心願。

長嶋清美

✂ 目錄

❈ 奶油霜的做法 ❈

想完成口感輕盈的奶油霜，混合的奶油狀態非常重要。
處理的手法也是關鍵，記住步驟後再開始製作吧！

🍦 必要的道具

毛巾、鋼盆、手持攪拌器、
溫度計、鍋子、橡膠刮刀

🍦 材料（容易製作的份量）

奶油（無鹽）…450g

Ⓐ
蛋白…120g（L尺寸約3顆）
精白砂糖…20g

Ⓑ
水…60ml
精白砂糖…240g

🍦 事前準備

讓奶油和蛋白恢復成室溫。

🍦 奶油霜

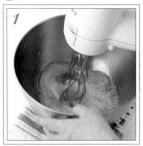

1

鋪上濕毛巾，固定鋼盆，放進材料Ⓐ，用手持攪拌器稍微攪拌起泡。

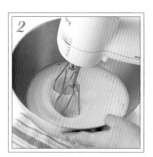

2

蛋白出現細膩的白色泡沫後，關掉手持攪拌器。

3

把材料Ⓑ放進鍋裡，用略大的中火加熱。糖漿的溫度至105℃後，再次打發步驟*2*的蛋白霜。

4

糖漿烹煮至117℃後，關火，加進打發的蛋白霜裡面。沿著鋼盆邊緣倒入糖漿。

5

糖漿全部倒完之後，進一步打發。待蛋白霜出現光澤，產生勾角就完成了。

6

手持攪拌器改成低速，一邊打發一邊冷卻。溫度如果過高，稍後加入的奶油就會軟化，所以持續打發，直到溫度下降至30℃為止。

7

把恢復成室溫的奶油分3～4次加入，每一次加入都要充分混合。奶油較硬的時候，就要一邊加熱鋼盆，一邊攪拌。如果太軟則要一邊冷卻，一邊攪拌。

8

奶油全部加入後，拿掉濕毛巾。偶爾轉動鋼盆，進一步充分混合，變得柔軟後就完成了。

❀ 奶油霜的染色 ❀

只要使用食用色素，就可以輕易製作出色彩繽紛的奶油霜。
藉由色素的用量來改變濃淡，表現出花卉之美。

🌰 必要的道具
攪拌盆、牙籤、打蛋器

🌰 凝膠狀食用色素

   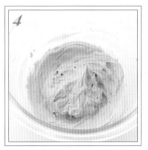

把必要份量的奶油霜放進攪拌盆。用牙籤的前端撈取少量的凝膠，直接加進奶油霜中。

用打蛋器仔細混合，直到色調均勻為止。一點一滴的少量加入，直到調整出個人喜愛的濃淡程度。每次加入都要充分攪拌。

希望使用多種色素時，與其同時加入凝膠，不如逐一加入混合，比較不會失敗。

重複步驟 1～3 的動作，直到製作出個人喜歡的色調為止。

🌰 必要的道具
攪拌盆、迷你湯匙（隨附品）、攪拌盆、打蛋器

🌰 粉末狀食用色素

 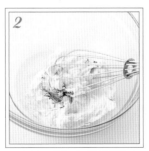 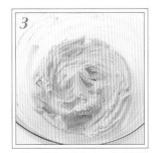 

用隨附的湯匙取少量，放進小的攪拌盆裡面，再加入相同份量的水混合。

把必要份量的奶油霜放進攪拌盆，加入少量的步驟 1。用打蛋器仔細混合，直到色調均勻為止。

一點一滴的少量加入，直到調整出個人喜愛的濃淡程度，每次加入都要充分攪拌。只要調整出個人喜歡的色調就可以了。

也可以混入凝膠狀色素。希望製作出沉穩的淺灰色調時，建議加入棕色。

奶油霜的調色

介紹本書主要使用的 15 種顏色。也包含了調整
色素的用量，改變濃度的種類。試著挑戰個人原創的顏色！

| 白色 | 檸檬黃 | 珊瑚粉紅 | 粉紅 | 煙燻粉 |

無上色
▽
作為基底的奶油霜顏色

檸檬黃
▽
略微明亮的黃色

玫瑰紅 or 紅色食用色素
×
橘色
▽
略帶橘色的粉紅

粉紅
▽
一般的粉紅色

玫瑰紅
×
紫羅蘭色 or 棕色
▽
略帶灰色的粉紅

| 珊瑚紅 | 紅色 | 淡紫色 | 紫色 | 天空藍 |

紅色食用色素
×
粉紅
▽
略帶紅色的淡橘

玫瑰紅
×
紅色食用色素
▽
鮮紅、深紅

紫羅蘭色
▽
淡紫色

紫羅蘭色
×
天空藍
×
皇家藍
▽
略帶紅色的紫色

天空藍
▽
明亮的水色

| 皇家藍 | 黃綠色 | 綠色 | 棕色 | 黑色 |

天空藍
×
紫羅蘭色
▽
略帶紫色的藍色

葉綠色
×
檸檬黃
▽
黃綠、明亮的綠色

葉綠色
▽
一般的綠色

棕色
▽
一般的茶色

竹炭粉
▽
純黑

擠花袋的用法、錐形袋的做法

為大家介紹花卉甜點絕不可少的擠花袋的用法，
以及使用三角形紙張的手作擠花袋「錐形袋」的做法。

擠花袋的用法

1 在距離花嘴前端約 ⅓ 處筆直剪開，把花嘴的前端塞進擠花袋。

2 把位在花嘴底部的擠花袋扭轉 3～4 圈，塞進花嘴裡面。

3 把步驟 2 的擠花袋攤開，放進杯子等容器裡面，把杯緣的袋口往下摺，讓擠花袋固定。用橡膠刮刀把奶油霜裝進袋裡，拿出擠花袋，用慣用手的拇指和食指抓住擠花袋。

4 拉開步驟 2 塞進花嘴裡的擠花袋部分。用另一隻手抓住擠花袋的袋口，再用慣用手把奶油霜一口氣推擠到擠花袋的前端。只要奶油霜可以從花嘴裡擠出來就算 OK。

錐形袋的做法

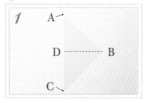

1 把裁切成正方形的膜裁切成一半，製作成等腰三角形。以最長邊的中心點作為前端（D）。

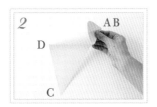

2 把 A 點往內捲，重疊在 B 點上。

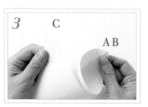

3 緊抓住重疊在一起的 A 點和 B 點，把 C 點往內捲，重疊在 B 點的後面。

4 確認前端 D 點有沒有縫隙。

5 右手抓住 A 點，左手抓住 C 點，往反方向捲一圈。

6 只要讓 A 和 C 的邊緊閉貼合即可（只有 B 點在另一端）。

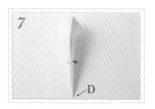

7 確認前端 D 點沒有縫隙，再用膠帶固定中央就完成了。

Point

錐形袋的用法

用較小的橡膠刮刀等工具，把奶油霜裝進錐形袋裡面，用手把奶油霜推到錐形袋前端，然後用剪刀剪開前端。開口愈小，就能擠出愈小的圓點或細線。

擠花的基礎

為大家介紹擠奶油霜時所用的各種花嘴，以及基本的擠花技巧。
熟練地使用手作錐形袋，精通各種花朵與圖樣吧！

‖ 花嘴的種類 ‖

玫瑰花型

特色是花嘴上下的寬度不同。
除了玫瑰花瓣，也可以做出 5
片花瓣。擠出時左右細微搖
晃，就會變成荷葉邊。

▶型號：#102、#103 等。

花朵花型

裝飾蛋糕時很好用的花嘴。只
要垂直擠花嘴，就能輕易製作
花朵。

▶型號：#2D 等。

葉子花型

可以擠出葉子形狀的花嘴，
有許多不同的種類。

▶型號：#68、#81、#349、
　　　#352 等。

圓形花型

配合用途選用不同尺寸。花嘴
垂直貼近能擠出圓點，斜著拿
就能畫線。可以用錐形袋代
替。

▶型號：#2、#3 等。

各種花嘴

‖ 基本的擠花 ‖

玫瑰花型〈5片花瓣〉

1

製作底座，才容易用花剪撈起。
從花釘的中央畫圓擠 2 圈完成底
座。

2

製作花瓣。花嘴的寬口朝下（中
央）拿著，如反向落下般擠出花
瓣。

3

第 2 片開始，要從第一片的尾端
正下方開始擠出，讓花瓣稍微挺
立。

4

以相同的方式擠出第 4 片、第 5
片便完成。花釘與花嘴的方向相
反緩慢旋轉，就會容易擠出。

玫瑰花型〈玫瑰〉

把花蕊擠在花釘的中央。讓花嘴朝著正下方，用力擠出，往上拉使奶油霜變細，製作圓錐形的底座。

擠出奶油霜包圍底座，再擠出花蕊。花嘴不動，旋轉花釘讓奶油霜圍成一圈。

花蕊與花瓣重疊。想像包住花蕊，從裡到外讓花瓣一片一片重疊。

從最初擠出的花瓣正中央，擠出下一片花瓣。擠出 3 片花瓣包住花蕊，製作花蕾。

用 5 片花瓣包圍花蕾。從裡到外擠出花瓣，像畫一座山那樣加上高低差。

如果花瓣的重量快要使整體倒塌，底座的部分就用奶油霜圍 1 圈補強。

接著擠出 6 片花瓣包圍四周。比內側的 5 片花瓣顯得更高，擠出時花嘴的動作大一點。

擠出 7 片外側的花瓣。想像花瓣稍微朝下，花嘴略往外側傾斜，擠出的花瓣要比內側低一些。

 玫瑰花型〈葉子〉

在鋪上烤盤紙的花釘上製作葉子的中心。花嘴垂直立起，筆直地擠出奶油霜。

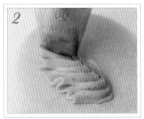

花嘴邊緣沿著葉子中心擠出葉子的部分。從葉基到葉尖細微搖晃擠出。

到達葉尖後，以相同方式擠出另一側的葉子。葉子太薄容易因為熱而倒塌，打摺最好厚一點。

擠出 1 圈便完成。一口氣擠出是擠得漂亮的重點。葉子冷凍後便容易裝點。

花朵花型〈玫瑰〉▶

花嘴垂直對準花釘的中央，擠出奶油霜。

花嘴筆直立起，以一定的力道像漩渦般向外擠出。

繼續向外擠出。不要猶豫，一筆到底，一口氣擠出正是漂亮完成的訣竅。

擠出 2 圈便完成。只要持續垂直擠出奶油霜，便能輕易完成一朵玫瑰。結尾的部分不妨用葉子遮住。

花朵花型〈滿天星、小花〉▶

花嘴筆直立起，以蓋章的要領擠出一球一球的奶油霜。

可以形成小花，擠出時不斷重疊填滿縫隙。

留意整體的平衡，以小花朵朵的印象繼續重疊。注意如果太用力，下面的小花會被壓壞。

有份量後更像小花，這樣就完成了。

葉子花型〈大片葉子〉▸◇

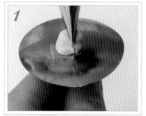

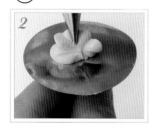

比小片葉子擠得更大坨，適度用力，開始擠出奶油霜。

花嘴來回，持續擠出做成葉子的摺痕。

調整擠出的奶油霜份量，讓葉尖變細，以相同方式擠出。

輕輕地放掉力氣往上拉，葉尖就會變得自然。

葉子花型〈小片葉子〉▸◇

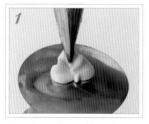

垂直拿著花嘴，在花釘的中央將奶油霜擠成葉子的形狀。一開始稍微用力擠出。

輕輕地放掉力氣拿開，就會形成小片葉子。想像做出倒三角形。

Point

在花朵附近製作葉子時，花嘴放入正下方，用力擠壓後，往斜上方輕輕地放掉力氣。

圓形花型〈仙人掌〉▶ ○

1

在花釘的中央製作仙人掌的芯。花嘴垂直立起，以一定的力道開始擠出奶油霜。

2

注意配合完成的高度與大小。

3

從下面的部分，在芯的周圍擠出奶油霜。

4

以相同方式擠在周圍，不留半點縫隙。

5

擠完1圈的樣子。然後繼續重疊。

6

留意整體的平衡，想像仙人掌，呈放射狀擠出奶油霜。

7

渾圓鼓起就會感覺很可愛。

8

留意整體的平衡，看起來像仙人掌就算完成。

錐形袋〈線條＆圓點〉▶ ▽

1

錐形袋的前端擺在想畫的地方。直接畫在蛋糕上也可以。配合想畫的東西，把錐形袋的前端剪掉。

2

力道均勻，擠出奶油霜，一邊延伸一邊畫線。

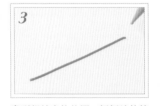

3

畫到想結束的位置，輕輕地放掉力氣，線就會斷掉。

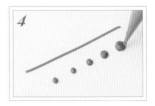

4

感覺像在畫圓，前端細微移動別產生勾角，就能畫出漂亮的圓點。藉由奶油霜的份量調整大小。

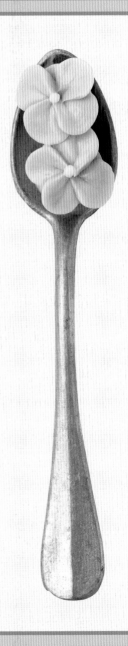

Chapter 1

餅 乾 、 馬 卡 龍 的 裝 飾

在一口大小的點心上製作花朵的裝飾。

藉由色彩繽紛的花朵作為禮物或表達平日的感謝，

對方一定會很高興。

餅乾可以做成訊息板，馬卡龍則是很適合派對的點心。

玫瑰餅乾

簡便的點心餅乾，只要裝點一下，
就是很適合當作禮物的一道甜點。
在顏色搭配與花朵大小加點變化，
點綴出豐富的造型吧！

Recipe

p.16

鈴蘭餅乾

鈴蘭有著柔軟鼓起的可愛小花，
正如其名，像鈴鐺的花朵非常具有象徵性。
只要掌握基本，
對新手來說也很簡單。

Recipe

p.17

玫瑰餅乾

✂ 材料

餅乾（參照 *p.67*，或
使用市售品）

奶油霜

✂ 使用的花嘴

#101〔玫瑰花型〕▷

#349〔葉子花型〕▷

錐形袋 ▷

✂ 使用的奶油霜

① 珊瑚紅 + #101

② 綠色 +

③ 綠色 + #349

④ 淡紫色 + #101

⑤ 珊瑚紅 + 白色 + #101

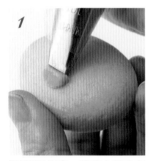

1 使用奶油霜①，花嘴水平貼在餅乾的表面，擠出半圓形的奶油霜。

2 從半圓形的尾部，豎起花嘴畫花瓣。彎彎曲曲從裡到外擠成立體的形狀。

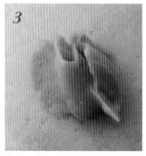

3 從上一片花瓣的尾部往斜下方再畫一片花瓣。

4 由左至右畫出大片花瓣包覆整朵花。花朵呈現立體感便完成。

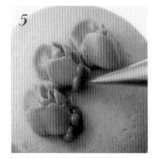

5 使用奶油霜②畫出花萼的部分。擠到錐形袋的前端製作圓點，前端向下拉，擠出水滴的圖樣。

6 接著用奶油霜②畫莖部。以一定的力道持續擠出（參照 *p.12*）。以花束的感覺讓造型平衡。

7 使用奶油霜③製作葉子。花嘴直立擠出一坨，擠出奶油霜之後朝葉尖輕輕一拉。

Variation

同樣使用奶油霜④和⑤，畫出大小顏色不同的玫瑰。配合餅乾改變大小與顏色，就能呈現變化豐富的花束。

鈴蘭餅乾

✂ 材料

餅乾（參照 *p.67*，或使用市售品）

奶油霜

✂ 使用的花嘴

#101〔玫瑰花型〕

錐形袋

✂ 使用的奶油霜

① 綠色 + #101

② 綠色 +

③ 白色 +

④ 檸檬黃 + #101

1

使用奶油霜①製作葉子。花嘴放平，加上一定的力道擠出一個圓。

2

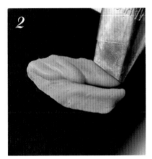

到達葉尖的頂點後，利用和步驟1相同的要領，畫圓回到原位。花嘴的前端別放開，一口氣畫完。

3

以相同方式畫出第2片葉子，在第1片葉子後面重疊。留意整體的平衡，不妨畫得大一點。

4

使用奶油霜②畫莖部。以畫線的要領（參照 *p.12*）向外延伸，加上變化畫出莖部。

5

莖的尾部以畫圓點（參照 *p.12*）的要領稍微擠成一坨，放開後就能漂亮地收尾。

6

使用奶油霜③製作花朵。「擠壓後迅速放開」，以畫圓點的要領描繪。愈接近莖的前端，圓點畫得愈大，就會感覺均衡。

7

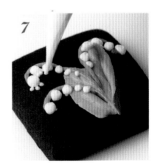

在花朵下方畫小圓點。迅速放開花嘴的前端會產生勾角，所以要稍微擠壓一下。小花可以不用加上圓點。

Variation

使用奶油霜④擠出鈴蘭花不同顏色的版本。原味餅乾也可以做得很可愛。

心形板

塗層裝飾的餅乾
像卡片一樣能開心地送給人。
是很適合當成情人節禮物的甜點。

Recipe

˅

p.20

訊息板

大一點的餅乾片
很適合作為加上訊息的禮物。
充滿心意製作的餅乾，
就獻給最重要的人。

Recipe

p.21

心形板

✂ 材料

餅乾（參照 *P.67*，或使用市售品）

巧克力
＊不需要調溫。用微波爐加熱 20 秒後反覆攪拌，合計加熱 1 分鐘。

奶油霜

✂ 使用的花嘴

#101〔玫瑰花型〕▶

#349〔葉子花型〕▶

#25〔花朵花型〕▶

錐形袋 ▶

✂ 使用的奶油霜

① 白色 + #101

② 粉紅 + #101

③ 珊瑚紅 + #101

④ 綠色 + #349

⑤ 綠色 +

⑥ 白色 + #25

1 餅乾塗層。準備多一點巧克力，在餅乾上面沾滿後，把多餘的部分去掉，放在鐵網上。

2 使用奶油霜①在花釘的中央擠 2 圈底座的圓形。

3 在底座上畫心形，花嘴朝外傾斜 45 度擠出奶油霜。

4 中心固定，每 1 個分別擠出 2 片花瓣，呈螺旋狀重疊。到達圓頂的頂點後花朵就完成了。

5 使用同一個花嘴，並且用奶油霜②、③以相同方式製作花朵。

6 在步驟 *1* 的餅乾，使用奶油霜⑥擠出放上花朵的底座。用花剪將花朵均勻地放在上面。

7 使用奶油霜④在花朵之間畫出小片葉子（參照 *p.11*），使用奶油霜⑤畫出常春藤的圖樣（參照 *p.12*）。最後用圓點收尾。

8 使用奶油霜⑥以蓋章的要領畫出小花（參照 *p.10*）。再用奶油霜⑤擠出小片葉子。擠的方式和 *7* 相同。

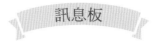

✄ **材料**

餅乾（塗層餅乾。參照
p.67，或使用市售品）

奶油霜

極品杏仁（黃色）

✄ **使用的花嘴**

#25〔花朵花型〕►

#101〔玫瑰花型〕►

#349〔葉子花型〕►

錐形袋 ► ▽

✄ **使用的奶油霜**

① 白色 + #101

② 粉紅 + #25

③ 天空藍 + 白色 + #25　1：9

④ 白色 + #25

⑤ 綠色 + ◇ #349

⑥ 白色 + ▽

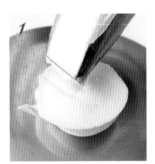

1 使用奶油霜①在花釘的中央製作2圈底座。

2 以左頁的方式畫出心形，1圈擠出5片花瓣。同樣也在第2層疊上花瓣，用牙籤將極品杏仁放在中央。

3 使用奶油霜①擠出底座，用花剪把花按住放在上面。檢視整體，均勻地放好。

4 使用奶油霜②製作小朵玫瑰（參照*p.10*）。之後要用小花填滿，不妨想像像利用整體空出空間擺放。

5 使用奶油霜③製作小花（參照*p.10*）。

6 從上面用奶油霜④以相同方式疊上小花。從中心減少份量，整體就會均衡。

7 使用奶油霜⑤在花朵之間製作小片葉子（參照*p.11*）。

8 使用奶油霜⑥寫下文字。用前端塗便容易寫出細體的文字。開始寫或停筆時，要像畫圓點般擠出一坨。

餅乾塔

適合小型派對的
可愛餅乾塔，
簡直像小巧玲瓏的婚禮蛋糕。
擺上幾座餅乾塔裝點，讓餐桌更華麗。

Recipe
⌄
p.23

餅乾塔

✂ 材料

餅乾（準備尺寸不同的
大、中、小3種餅乾。參
照 *p.67*，或使用市售品）

奶油霜

✂ 使用的花嘴

#25 #24〔花朵花型〕▷

#349〔葉子花型〕▷

錐形袋 ▷

✂ 使用的奶油霜

① 白色 +

② 天空藍 + #25

③ 白色 + #24

④ 綠色 + #349

⑤ 檸檬黃 + #25

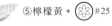

1

三明治用的奶油霜①塗在中央（用
果醬也可以）。從邊緣在能看見
的位置擠上圓點。讓圓點連起來。

2

相同大小的餅乾疊在一起，要能
看見圓點，在中心偏後的位置擠
上夾在中間的奶油霜。

3

同樣疊上2塊小一圈的餅乾，再
疊上2塊更小的餅乾。在能看見
的位置用奶油霜①擠出圓點。

4

在最上面的正中央擠上奶油霜①變
成圓頂型，用奶油霜②擠出小朵玫
瑰（參照 *p.10*）以相同方式在周圍
擠出5朵玫瑰。

5

留意整體的平衡，在其他地方也
裝點玫瑰。2圈大小的玫瑰比較容
易裝飾。

6

使用奶油霜③擠出滿天星（參照
p.10）。在較大的縫隙份量滿滿
地堆上就會很華麗。

7

從玫瑰下面用奶油霜④擠出小片葉
子（參照 *p.11*）。花朵葉子的數量
和擺放位置刻意左右不對稱，正是
使整體均衡的訣竅。

黃色

Variation

使用奶油霜⑤擠出玫瑰的版
本。用奶油霜①滴下擠出線
條，感覺就不一樣。

玫瑰
夾心馬卡龍

將市售的馬卡龍稍微改編！
從圓圓的馬卡龍露出
小型玫瑰花園，
將午茶時光點綴得更優雅。

Recipe

p.26

山茶花
夾心馬卡龍

點綴冬季的花兒——山茶花。
嚐嚐夾在馬卡龍中間的雅致點心吧？
用來招待年長的長輩或慶祝新年等，
享受特別的一段時光吧！

Recipe

p.27

玫瑰夾心馬卡龍

✂ 材料

馬卡龍（參照 *p.68*，
或使用市售品）

奶油霜

✂ 使用的花嘴

#101〔玫瑰花型〕▸

#25〔花朵花型〕▸ ✳

#349〔葉子花型〕▸

✂ 使用的奶油霜

① 粉紅 + ⟨─⟩ #101

② 白色 + ✳ #25

③ 綠色 + ◇ #349

1

使用奶油霜①製作 3 朵小朵玫瑰。參考 *p.9*，以花蕾的概念製作較小的花朵，比較容易夾在中間。

2

若是親手製作的馬卡龍，塗上個人喜愛的奶油霜或果醬（額外份量）夾在中間。若是市售的馬卡龍就直接打開。

3

將步驟 *1* 的 3 朵玫瑰呈放射狀擺放。擺放時和夾在中間的奶油霜連接，就會確實固定。

4

使用奶油霜②填滿花朵之間。充分填滿玫瑰的間隙，擠出充足的份量。

5

在玫瑰之間使用奶油霜②從上方以蓋章的要領擠出滿天星（參照 *p.10*）。

6

邊緣也擠上滿天星。份量比中央減少一些便容易夾住。

7

從上面斜斜蓋上馬卡龍，露出花朵。

8

使用奶油霜③擠出從花朵內側露出的小片葉子（參照 *p.11*）。稍微擠壓花嘴，擠出一坨後輕輕一拉。

山茶花夾心馬卡龍

✂ **材料**

馬卡龍（參照 p.68，
或使用市售品）

奶油霜

極品杏仁（黃色）

✂ **使用的花嘴**

#101〔玫瑰花型〕▸

錐形袋

✂ **使用的奶油霜**

 ①紅色＋ #101

 ②白色＋ #101

 ③綠色＋ #101

④紅色＋

1

在花釘的中央用奶油霜①擠出花
蕊。花嘴的寬口朝下垂直拿著，
來回擠壓，然後輕輕地往上拉。

2

花嘴的方向維持不變，在花蕊周
圍圍1圈花瓣。加上一定的力道，
一口氣包圍正是重點。

3

以相同要領每¼圈圍一片花瓣。
從上一片花瓣的下面開始重疊。
愈往外面高度愈高，圍上2圈。

4

用沾了奶油霜①的牙籤將極品杏
仁放在花蕊上。同樣地也用奶油
霜②製作花朵。

5

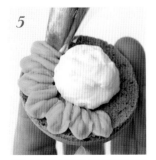

在放上個人喜愛的奶油霜的馬卡龍
上面，用奶油霜③擠出葉子。參考
p.9，不用製作葉桿，只擠出葉子。

6

用花剪將山茶花斜斜地放在步驟
5的上面。

7

使用奶油霜④製作花蕾。以製作圓
點（參照 p.12）的要領擠出一大坨
奶油霜，然後輕輕地放開。

8

斜斜蓋上上面的馬卡龍，露出花
朵。

三色菫
馬卡龍

鑲邊裝飾，印象高貴的馬卡龍。
放上人人喜愛的三色菫，
便成了最適合當成禮物，
成熟可愛的一道甜點。

Recipe

p.30

馬卡龍塔

華麗的派對上
一定要有一座手作的馬卡龍塔。
用色調柔和的小花完成高雅的造型，
就連新手也能做出頗具美感的作品。

Recipe

p.31

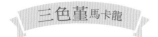

三色菫馬卡龍

✂ 材料

馬卡龍（參照 *p.68*，
或使用市售品）

奶油霜

凝膠狀食用色素
（棕色）

✂ 使用的花嘴

#102 #349〔玫瑰花型〕▶

錐形袋 ▶

✂ 使用的奶油霜

①天空藍 + #102

②檸檬黃 +

③綠色 + ◯ #349

④白色 + ▽

1

在花釘的中央使用奶油霜①擠2圈底座。在上面以5片花瓣（參照 *p. 8*）的要領每半圈做出2片花瓣。

2

剩下半圈擠出3片花瓣。從上一片花瓣的下面，擠出反向落下型的花瓣。

3

從最初擠出半圈的2片大花瓣上面，同樣擠出2片小花瓣重疊。

4

使用奶油霜②擠出花蕊。以圓點（參照 *p.12*）的要領擠出一坨後輕輕放開。

5

牙籤沾上少許棕色食用色素，在花瓣上畫出圖樣。從花蕊往外側畫線，輕輕地放掉力氣。

6

馬卡龍的中央放上固定用的奶油霜，然後用花剪把花朵擺在上面。

7

留意整體的平衡，從花朵下方用奶油霜③擠出小片葉子（參照 *p. 11*）。

8

使用奶油霜④將馬卡龍鑲邊，連接圓點加以裝飾。換個顏色製作會更華麗（花瓣圖樣的添加方式參照 *p.32*）。

馬卡龍塔

✂ 材料

馬卡龍（參照 *p.68*，
或使用市售品）13 個

奶油霜

甜筒

極品杏仁
（白色、黃色）

✂ 使用的花嘴

#102〔玫瑰花型〕→

錐形袋 →

✂ 使用的奶油霜

①白色 +

②天空藍 + ⊖ #102

③白色 + ⊖ #102

1

在馬卡龍擠上奶油霜①，貼在倒過來的甜筒上。從下層分別貼上 5、4、3 個馬卡龍，頂點再放上 1 個。

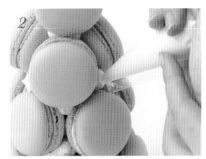

2

使用奶油霜①填滿縫隙，就會變成裝飾小花的底座。奶油霜擠到相當於馬卡龍的高度。

3

以製作 5 片花瓣（參照 *p.8*）的要領做出 8 片花瓣。在花釘的中央擠 2 圈底座，以中心為軸，像畫圓弧般擠出花瓣。

4

以 8 片花瓣圍 1 圈，用沾上少許奶油霜②的牙籤放上極品杏仁製作花蕊。和奶油霜③搭配，製作 15～20 朵花。

5

用花剪把小花擺在奶油霜②上面。如果出現縫隙就不好看，這點須注意。

6

留意整體的平衡，均衡地裝飾。裝飾到頂點便完成。馬卡龍和花瓣做出幾種不同的顏色會更華麗。

奶油霜的變化

讓花朵增添變化的訣竅，就是增加奶油霜的變化。

精通熟練後，做出造型豐富的蛋糕吧！

大理石

1

用完的擠花袋還剩下想混合的顏色，這時加入想用的奶油霜顏色。

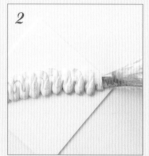

2

以步驟 1 加入的顏色為主，和擠花袋裡剩下的顏色混合，就會變成大理石狀的奶油霜。

漸層

1

把上色的奶油霜以塗抹的方式用橡膠刮刀裝填在擠花袋下方，另一個顏色的奶油霜裝填在上面。

2

從側面看擠花袋有 2 層顏色就OK。可以擠出漸層的奶油霜。

兩種色調

1

加在一起的 2 種顏色的奶油霜，分別用保鮮膜包好。

2

剪掉兩邊的保鮮膜，裝進擠花袋裡面。直接擠出就會變成兩種色調的奶油霜。

花朵圖樣

1

在想加進圖樣的那一側，用橡膠刮刀裝填少許圖樣用的奶油霜。裝得愈少就會愈像線條般的圖樣。

2

裝填主要顏色的奶油霜。裝填至花嘴的細口部分，在花瓣邊緣就會出現圖樣。

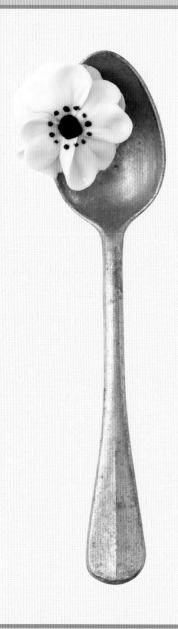

Chapter 2

甜甜圈、蛋糕的裝飾

利用甜甜圈與杯子蛋糕,做出花束般的裝飾。
在值得慶祝的日子裡增添一些色彩。
彷彿想要一直盯著看的可愛多肉植物,
或在大一點的蛋糕上錦上添花吧!

玫瑰花

一片片花瓣編織而成的玫瑰花，
宛如真正玫瑰般細膩。
擁有「愛」與「美」這些花語的玫瑰，
鮮豔地裝飾後，便成了迷人的禮物。

Recipe

p.36．p.37

玫瑰 A

✂ 材料

杯子蛋糕（參照 *p.66*，
或使用市售品）

奶油霜

✂ 使用的花嘴

#2D、#25〔花朵花型〕▶

#352〔葉子花型〕▶ ◇

#25〔圓形花型〕▶ ○

✂ 使用的奶油霜

 ①白色 + #2D

②粉紅 + #2D

③黃綠色 + ◇ #352

④黃綠色 + ○ #25

⑤白色 + #25

1

將少許奶油霜①和②裝填至擠花袋，花嘴直立，從花釘往外側畫圓擠出奶油霜（參照 *p.10*）。

2

再往外側繼續擠奶油霜。不要猶豫，一筆到底，一口氣擠出就是漂亮完成的訣竅。擠 2 圈就行了。

3

使用奶油霜③製作 2 片小片葉子（參照 *p.11*），從玫瑰下面露出。

4

在葉子之間以圓點（參照 *p.12*）的要領用奶油霜④擠出滿天星的底座。如果沒有圓形花嘴，可以用錐形袋擠奶油霜。

5

使用奶油霜⑤擠出滿天星（參照 *p.10*）。以蓋章的要領填滿縫隙變成花團。

白色

Variation

白色 + #2D

黃綠色 + ◇ #352

黃綠色 + ○ #25

粉紅 + #25

玫瑰 B

✂ 材料

杯子蛋糕（參照 *p.66*，或使用市售品）

奶油霜

✂ 使用的花嘴

#104〔玫瑰花型〕→

✂ 使用的奶油霜

 ①紅色 + #104

② 黃綠色 + #104

 ③白色

1

在花釘的中央用奶油霜①製作底座，花嘴貼在底座上，旋轉花釘擠出 1 圈奶油霜。

2

由後往前像包裹住花蕊般擠出 3 片花瓣，包住在步驟 **1** 擠出的花蕊。

3

3 片花瓣的周圍再擠上 5 片花瓣，接著用 6 片花瓣圍 1 圈。愈往外側花瓣愈高，花嘴的動作要大一點。

4

擠出 7 片外側的花瓣。花嘴稍微往外側傾倒擠奶油霜，花瓣也會稍微傾倒，可以做出綻放的花朵。

5

使用奶油霜②製作大片葉子（參照 *p.9*），然後冷凍。表面用刮刀等器具塗抹奶油霜③，葉子變硬後用手放上去。

6

另一片葉子也均勻地疊上去。

7

用花剪把玫瑰花放上去。注意與葉子的平衡，再決定擺放的位置。

Variation

紅色 + #102

珊瑚紅 + #102

黃綠色 + #104

白色

白色 + #25

※ 在空白處擠上滿天星。

大麗菊

大麗菊有紅、白、橘等
色彩豐富的花朵，令人印象深刻。
裝點在杯子蛋糕上面，
滿滿的奶油霜充滿樂趣。
送給喜愛甜點的好友吧！

Recipe
˅
p.39

大麗菊

✂ 材料

紅絲絨杯子蛋糕（參照 *P.69*，或使用市售品）

奶油霜

糕餅屑（將蛋糕麵糊乾燥後弄碎）

✂ 使用的花嘴

#124K〔玫瑰花型〕▸

✂ 使用的奶油霜

 ①白色 + #124K

1

杯子蛋糕的上面切掉弄平。使用奶油霜①在外側擠 1 圈，擠成底座。

2

花嘴在底座上面上下來回做出波浪，畫成一個圓。以一定的速度有節奏地移動就會擠得很漂亮。

3

挪向內側，以相同方式畫圓。

4

從步驟 *3* 的花瓣上面，在中心做一個小底座。注意別把下面做好的花瓣壓壞。

5

內側和步驟 *2* 一樣做成波浪狀，用小圓做出花朵的中心。

6

搗細的糕餅屑放在中央製作花蕊。用牙籤調整形狀便完成。

鬱金香

人見人愛的鬱金香具有一定的高度，
可以享受立體裝飾的樂趣。
以五彩繽紛的顏色挑戰製作吧！

Recipe

p.42

銀蓮花

在眾多傳說與神話中登場，
它的花語是「真實」與「苦戀」。
用奶油霜重現最具特色的花蕊，
在餐桌上展開一個可愛世界。

Recipe
▼
p.43

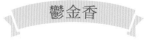

鬱金香

✂ 材料

杯子蛋糕（參照 *p.66*，
或使用市售品）

奶油霜

✂ 使用的花嘴

#103〔玫瑰花型〕→

#25〔花朵花型〕→ ✳

#352〔葉子花型〕→ ◇

✂ 使用的奶油霜

 ①檸檬黃 + → #103

②黃綠色 + ◇ #352

③白色 + ✳ #25

1

製作花蕊。垂直拿著花嘴，把奶油霜①擠在花釘的中央。推壓擠出，最後往上拉。

2

由下往上擠出花瓣。以相同方式在外側擠出 6 ～ 8 片重疊的花瓣，把花蕊包圍起來。

3

將花蕊包起來，花蕾便完成了。直接這樣裝飾也 OK。

4

用花瓣包圍花蕾。擠成圓圓的形狀就會很漂亮。在花蕾外圍擠 1 ～ 2 圈大小剛好。

5

注意最外側的花瓣須漂亮地重疊，整個包起來。

Decoration

1. 在塗抹奶油霜的杯子蛋糕上，用花剪放上 3 朵鬱金香。稍微往外側傾斜，便有一種華麗的印象。

2. 花朵之間用奶油霜②均勻地製作小片葉子（參照 *p.11*）。

3. 在花朵與葉子之間的空間，用奶油霜③裝飾滿天星（參照 *p.10*）。

銀蓮花

✂ 材料

杯子蛋糕（參照 p.66，
或使用市售品）

奶油霜

✂ 使用的花嘴

#103〔玫瑰花型〕▶

#25〔花朵花型〕▶

#352〔葉子花型〕▶

錐形袋 ▶

✂ 使用的奶油霜

① 皇家藍 + #103

② 黑色 +

③ 天空藍 + 白色 + #103

④ 淡紫色 + #103

⑤ 黃綠色 + #352

⑥ 白色 +  #25

1

使用奶油霜①製作 2 圈底座。從上面以花嘴的寬口為中心，上下做出波浪狀，擠出 4 片花瓣圍成 1 圈。

2

第 2 片花瓣之後，從上一片花瓣底下開始，每¼圈以心形的印象擠出花瓣。

3

擠完 1 圈後，在花瓣之間重疊，再以相同方式擠出花瓣。

4

使用奶油霜②在中央擠出較大的圓點（參照 p.12），以這個要領擠出花蕊。奶油霜擠成一坨後放開，便會是形狀完美的圓點。

5

在步驟 4 的周圍擠出小圓點，以這個要領畫出圖樣。等間隔地擠出大小相同的圓點就會很漂亮。

Decoration

1. 製作底座，使用奶油霜①、③、④製作的銀蓮花朝向外側，斜斜地裝飾。奶油霜和白色混合就能表現濃淡。

2. 花朵之間用奶油霜⑤均勻地做出小片葉子（參照 p.11）。

3. 在花朵與葉子之間的空間，用奶油霜⑥裝飾滿天星（參照 p.10）。

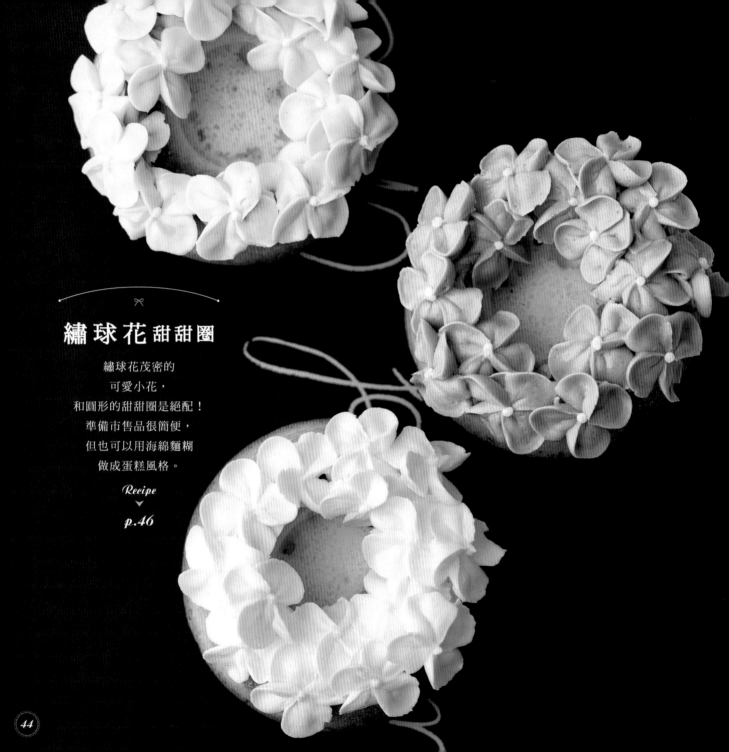

繡球花甜甜圈

繡球花茂密的
可愛小花，
和圓形的甜甜圈是絕配！
準備市售品很簡便，
但也可以用海綿麵糊
做成蛋糕風格。

Recipe
▼
p.46

紫羅蘭甜甜圈

熟悉繡球花的做法後，
再來也挑戰改編版的紫羅蘭。
翠綠色的小花
使甜甜圈印象鮮明。

Recipe

p.47

繡球花甜甜圈

✂ 材料

烤甜甜圈（參照 *p.70*，
或使用市售品）

奶油霜

✂ 使用的花嘴

#101〔玫瑰花型〕▸

錐形袋 ▸

✂ 使用的奶油霜

①淡紫色 + #101

②白色 +

1

在花釘的中央以花嘴的寬口為中心，用奶油霜①擠出 2 圈底座。

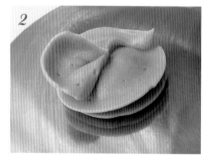

2

參考 *p.8* 的 5 片花瓣，1 圈擠出 4 片花瓣。只要比 5 片花瓣畫出更大的圓弧擠出即可。

3

第 2 片花瓣之後，從上一片花瓣底下開始擠出。配合甜甜圈的大小製作數個同樣的花瓣。

4

在甜甜圈上面均勻地塗上奶油霜用來固定，然後放上花朵。用花剪將花朵確實固定在奶油霜上面。

5

花朵從上方疊上便 OK。把沒做好的部分遮住，看起來就會很漂亮。

6

使用奶油霜②以擠圓點（參照 *p.12*）的要領擠出花蕊。擠出一坨奶油霜，然後輕輕地放開。

紫羅蘭甜甜圈

✂ 材料

烤甜甜圈（參照 *p.70*，或使用市售品）

奶油霜

極品杏仁（黃色）

✂ 使用的花嘴

#101 #102〔玫瑰花型〕▸

錐形袋 ▸

✂ 使用的奶油霜

① 綠色 ＋ #102

② 白色 ＋ #101

③ 綠色 ＋

④ 白色 ＋

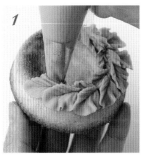

1

參考 *p.9*，用奶油霜①沿著甜甜圈擠出一圈內外 2 列的葉子（小片葉子可以省去葉桿）。

2

擠出花朵。在花釘的中央用奶油霜②擠出 2 個圓，製作小一點的底座。

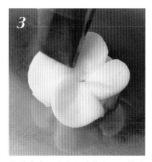

3

花嘴直立，在步驟 *2* 的上面以繡球花（參照 *p.46*）的要領擠出 4 片花瓣圍成 1 圈。

4

再從上面擠出 4 片花瓣。從上一片花瓣底下開始以螺旋狀重疊。

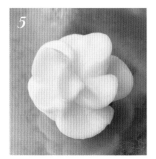

5

繼續重疊擠出茂密的花朵。花嘴直立細微移動，製作小花瓣。

6

在花朵中央用沾上少許奶油霜的牙籤擺上極品杏仁。以相同方式製作 6 朵花。

7

在甜甜圈裝飾花朵。從葉子上面放上 3 朵花靠在一起。方向呈放射狀更有立體感。

8

使用奶油霜③擠出較大的圓點（參照 *p.12*）。把花嘴插入這裡擠出奶油霜④，就會形成花蕾。

多肉植物

幾可亂真的
可愛多肉植物，
也是一種花卉蛋糕。
在餐桌上打造
一座小型花園吧！

Recipe

p.50 · p.51

粉紅佳人

✂ 材料

杯子蛋糕（參照 *p.69*，或使用市售品）

奶油霜

可可粒

極品杏仁（白色）

✂ 使用的花嘴

#81〔葉子花型〕▸ ◇

#3〔圓形花型〕▸ ○

#29〔花朵花型〕▸ ✳

✂ 使用的奶油霜

①紅色 + ◇ #81

②綠色 + ○ #3

③綠色 + ✳ #29

④紫色 + ✳ #29

1

在花釘的中央用奶油霜①製作底座。花嘴橫倒，從底座的正側面擠出奶油霜。1圈擠 12 片花瓣。

2

與下面的花瓣重疊，花嘴稍微直立，擠成 1 圈。

3

花嘴直立，在步驟 *2* 的上面再擠 1 圈。

4

花嘴直立，使花瓣朝上再擠 1 圈。

5

中心部分以花蕾緊閉的印象，擠出 5 片花瓣圍成 1 圈。

Decoration

1 上面切掉弄平的杯子蛋糕塗上白色奶油霜，將可可粒倒入鋼盆，讓杯子蛋糕沾附。

2 擺放多肉植物的位置去掉可可粒，然後放上粉紅佳人。

3 參考 *p.55*，用奶油霜②～④擠出其他多肉植物，做成混栽風格。最後用極品杏仁裝飾。

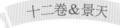

十二卷&景天

✂ 材料

杯子蛋糕（參照 *p.69*，或使用市售品）

奶油霜

極品杏仁（白色）

可可粒

✂ 使用的花嘴

#102〔玫瑰花型〕

#352〔葉子花型〕

#29〔花朵花型〕

✂ 使用的奶油霜

① 黃綠色 + #102

② 綠色 + 紫色 + #352

③ 紅色 + #29

1

在花釘的中央用奶油霜①擠出花蕊。穩定地呈現高度。

2

花嘴的寬口靠近中央，像畫圓弧般擠出 1 圈扇形的 6 片花瓣。

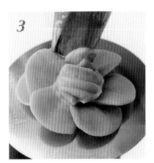

3

再以螺旋狀斜斜地重疊。從上一片花瓣底下開始擠新的花瓣。

4

以相同方式繼續擠出花瓣。到達頂點後便完成了。想做出漂亮的頂點，最後放開花嘴的動作要很小心。

5

用裝進擠花袋的奶油霜②變成兩種色調（參照 *p.32*），並擠出配合成品大小的底座。

6

垂直拿著花嘴用力貼在底座上，開始擠奶油霜，直接往上拿開。留意整體的平衡，重複這個動作。

7

在縫隙的部分使用花朵花嘴，擠出右手邊的紅色仙人掌。稍微往斜上方擠出能呈現動感，成品就會很好看。

Decoration

1 上面切掉弄平的杯子蛋糕塗上白色奶油霜，然後沾上可可粒（參照 *p.50*）。

2 擺放多肉植物的位置去掉可可粒，然後放上十二卷。

3 用景天和奶油霜③擠出迷你仙人掌，再用極品杏仁裝飾（參照 *p.55*）。

仙人掌

作為室內裝飾受到喜愛，
形狀可愛的仙人掌。
使用寫實的顏色吸引目光的杯子蛋糕，
肯定能讓午茶時光氣氛熱鬧。

Recipe

p.54

多肉植物甜甜圈

把甜甜圈當成迷你花園，
裝點花朵便彷彿漂亮的花圈。
混合多彩的奶油霜，
襯托出綠色變化豐富的表情。

Recipe
▼
p.55

仙人掌

材料

杯子蛋糕（參照 *p.69*，或使用市售品）

奶油霜

海綿蛋糕屑（弄碎）

巧克力（切碎）

使用的花嘴

#349 #352〔葉子花型〕▶

#25〔花朵花型〕▶

錐形袋 ▶ ▽

使用的奶油霜

① 黃綠色 ＋ ◇ #352

② 白色 ＋ ▽

③ 珊瑚紅 ＋ ✳ #25

④ 黃綠色 ＋ ◇ #349

⑤ 檸檬黃 ＋ ✳ #25

1

在杯子蛋糕塗抹白色奶油霜，然後沾附海綿蛋糕屑和切碎的巧克力。不夠的部分用手補上。

2

製作仙人掌的芯。融化的巧克力和海綿蛋糕屑混合，再用保鮮膜包好，用手掌搓成圓柱形。

3

在花釘用奶油霜①擠成底座，放上步驟 *2*。花嘴橫向貼著圓柱，向上擠奶油霜。。

4

拉到上面放掉力氣就會變細，以這個要領擠出1圈。使用奶油霜②每隔1列等間隔地擠出圓點（參照*p.12*）。

5

最上面用奶油霜③擠出4朵玫瑰（參照 *p.10*）。包圍2圈，大小就會剛剛好。

6

擺放仙人掌的部分去除海綿蛋糕屑，擠上滿滿的奶油霜①做成底座。

7

用花剪將仙人掌放在底座的奶油霜上面並壓一下。周圍也用仙人掌裝飾，建議大家做成混栽風格。

Variation

製作圓形的芯，周圍用奶油霜④擠出稜紋。用奶油霜②在稜紋等間隔地擠出圓點，和步驟5的要領相同，用奶油霜⑤擠出花朵便完成。

多肉植物甜甜圈

✂ 材料

甜甜圈（參照 *p.70*，或使用市售品）

奶油霜

可可粒

✂ 使用的花嘴

#352〔葉子花型〕▸ ◇

#101〔玫瑰花型〕▸ —

#3〔圓形花型〕▸ ◎

#25〔花朵花型〕▸ ✿

錐形袋 ▸ ▽

✂ 使用的奶油霜

① 綠色 + ◇ #352

② 綠色 + 天空藍 + — #101

③ 黃綠色 + 白色 + ◎ #3

④ 綠色 + ✿ #25

⑤ 紅色 + ✿ #25

1

在甜甜圈的表面塗抹白色奶油霜，並沾上可可粒。

2

在花釘的中央用奶油霜①製作底座。垂直拿著花嘴，擠出一定的高度。

3

像畫圓般在底座周圍擠出葉子，呈螺旋狀重疊。擠到上面花嘴直立，讓葉子呈放射狀散開，擠到頂點為止。

4

使用奶油霜②擠出底座，在周圍像上樓梯般把奶油霜擠成螺旋狀。擠出上面的葉子時，要連著下面的葉子。

5

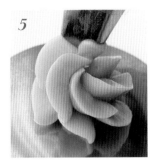

愈往上面擠得愈細。慢慢地立起花嘴，到頂點幾近垂直地拿著。擠成在中央合為一體。

6

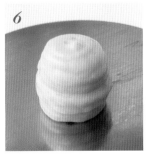

使用奶油霜③在花釘擠出圓柱狀的芯。

7

在步驟*6*的上面擠出突起物。從圓柱下方橫拿花嘴，擠壓出一坨後輕輕一拉。擠到上面花嘴直立。

8

擠出固定用的奶油霜，放上步驟*3*、*5*、*7*。在縫隙擠上奶油霜④，在上面用奶油霜⑤擠出小花，在縫隙擠出玫瑰（參照 *p.10*）。

磅蛋糕

大家齊聚一堂時，
就用花卉磅蛋糕
讓餐桌更加熱鬧。
美麗造型與溫和甜味，
使大家都綻放笑容。

Recipe

p.57

磅蛋糕

✂ 材料

磅蛋糕（參照 *P.71*，或使用市售品）

糖汁（糖粉 80g，水、檸檬汁各 1 大匙）

奶油霜

冷凍乾燥覆盆子

開心果

✂ 使用的花嘴

#102〔玫瑰花型〕▸

✂ 使用的奶油霜

 ①白色 + #102

②檸檬黃 + #102

③淡紫色 + #102

④紫色 + #102

※ 色素加多一點變濃。

1

材料加在一起加熱融化，製作糖汁。從上方滴下不會留下痕跡，變得濃稠就 OK 了。

2

從冷卻恢復成室溫的磅蛋糕上面淋上糖汁。注意要讓側面變得漂亮。

3

在糖汁凝固前，將冷凍乾燥覆盆子和開心果放在蛋糕上。

4

參考上圖用奶油霜①擠出三色堇（參照 *p.30*）。決定在磅蛋糕上面擺花的位置，擠奶油霜①當成底座。

5

參考上方的完成圖，留意整體的平衡，用花剪擺放花朵。按壓下面的奶油霜讓花朵固定。

6

注意整體的平衡，擺放 5 ～ 6 朵花正是呈現美感的訣竅。花朵的顏色只用奶油霜②、③、④等 3 ～ 4 種顏色就好。

鏟式蛋糕

像挖土一樣分給大家的過程相當有趣。
鏟式蛋糕是派對上的人氣甜點。
用玫瑰裝飾就能呈現更特別的氣氛。

Recipe
▼
p.59

鏟式蛋糕

材料

海綿蛋糕（參照 *p.66*，或使用市售品）

鮮奶油（先打發）

木莓醬

奶油霜

木莓

藍莓

銀粉

薄荷

使用的花嘴

#2D〔花朵花型〕▸

使用的奶油霜

 ①粉紅 + #2D

②淡紫色 + #2D

1

準備尺寸合適的蛋糕容器，將海綿蛋糕弄散裝入。撕碎填滿縫隙，裝至容器的正好一半。

2

在步驟 *1* 的上面淋上木莓醬，再從上面倒入鮮奶油。依個人喜好斟酌份量。

3

在鮮奶油上面隨意排列木莓。

4

在步驟 *3* 的上面鋪滿海綿蛋糕。用小碎屑填滿縫隙，將表面弄平。

5
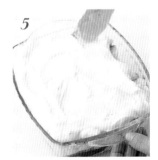
從上面用鮮奶油覆蓋。弄得漂亮平整，底座就完成了。

6

使用奶油霜①擠出玫瑰和小花（參照 *p.10*）。事先決定好構圖，整體造型就會均衡。

7

把奶油霜②裝填至同一個擠花袋內，直接以相同方式擠出玫瑰或小花。顏色混合後，整體的感覺就會統一。

8

用木莓、藍莓和銀粉裝飾，撒上薄荷葉就完成了。

奶油霜的 Q & A

在此解說新手容易失敗的重點。
精通熟練後，做出漂亮的蛋糕吧！

Q 製作奶油霜時，奶油的硬度應該如何？

A 就是把手指放在奶油上，手指會慢慢陷入的柔軟狀態。注意不管是太硬還是太軟，都不容易和蛋白霜充分混合。這是製作出輕盈、入口即化的美味奶油霜最重要的關鍵。

Q 剩下的奶油霜可以保存嗎？能保存多久呢？

A 沒有使用完的奶油霜，只要用保鮮膜包起來，放進保鮮容器裡，就可以在冷凍庫（冷藏約10天）裡保存1個月。要使用時先放到冷藏庫解凍，然後再用打蛋器打進空氣，讓奶油霜恢復成鬆軟狀態。

Q 製作奶油霜時使用的餐具很難清洗乾淨。

A 沾上奶油霜的鋼盆等器具，用加熱到80～90℃的熱水沖過，只要稍微用海綿擦一下，奶油霜遇熱融化就能清洗乾淨。熱水器的熱水溫度太低，很難洗掉奶油霜。不過再煮沸一下也很有效。連花嘴的窄口都能清乾淨。

Q 奶油霜遇熱後會立刻變鬆軟。有辦法恢復嗎？

A 新手常常遇到這個問題，太有幹勁緊握擠花袋，奶油霜就會變得鬆軟。如果太鬆軟，一旦變成軟爛的狀態，就算再冷卻也不會恢復。這時追加同等份量的奶油霜攪拌，就會恢復成原本的奶油霜。

Chapter 3

花卉甜點的基礎

本章將介紹製作花卉甜點時不可或缺的道具，

以及獻上點心時最重要的包裝巧思。

也會介紹當成底座的 6 種點心的做法，

敬請作為參考。

❧ 預先準備的道具 ❧

介紹製作美麗的花卉蛋糕前所需的道具。基本上和製作一般蛋糕所使用的道具沒什麼差異。
確實做好準備，做出漂亮的蛋糕吧！

1 手持攪拌器／4 打蛋器
混合材料或打發的時候使用。

2 磅秤
測量材料重量時使用。若不正確計算公克數，就會引起沒有膨脹等失敗。

3 單手鍋
加熱水和精白砂糖時使用。

5 橡膠刮刀
舀起奶油霜，或混合材料時使用。

6 溫度計
測量材料溫度時使用。

7 刮板
將底座的蛋糕均勻塗上奶油霜時使用。

8 廚房紙巾
擦乾清洗過的道具，或是去除作業台髒污時使用。

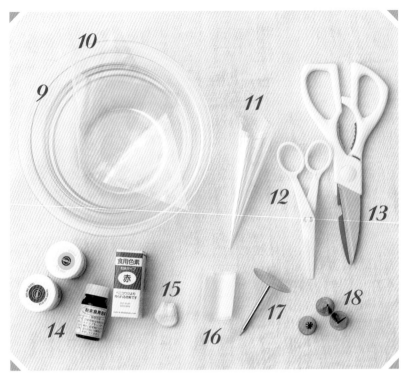

9 透明攪拌盆
奶油霜上色時使用。建議選用可以清楚看到內部顏色的款式。

10 擠花袋
像是擠花等裝飾蛋糕時使用。

11 錐形袋
畫圓點或畫線條時使用。

12 花剪
移動裱花的時候使用。

13 廚房剪刀
剪擠花袋或錐形袋的前端時使用。

14 食用色素
奶油霜上色用。分成粉末狀和凝膠狀。

15 軟橡皮擦
把紙模固定在花釘上面的時候使用。

16 紙模（OPP膜）
擠想冷凍的花朵時使用。固定在花釘上面使用，連同紙模一起放進冷凍庫凝固。

17 花釘
用手指固定轉動的小型作業台。在擠花時使用。

18 花嘴
進行擠花等裝飾時，將其固定在擠花袋上使用。有各種不同的種類（參照 *p.8*）。

☁有準備會很方便的 3D 花嘴
只須擠 1 下便會形成花蕊和花瓣等立體裝飾的花嘴。有各種不同的種類。

❧ 包裝方法 ❧

予人高貴印象的花卉蛋糕最適合當成禮物。
包裝得精美可愛，變成更漂亮的一道甜點吧！

🌀 能看見華麗蛋糕附矩形窗口的禮盒

建議選用附矩形窗口的蛋糕盒。看起來像在展示花卉蛋糕。裡面加了固定杯子蛋糕的厚紙，不用擔心蛋糕會移動。在烘焙材料行都有販售。

🌀 餅乾用馬卡龍盒包裝

推薦使用馬卡龍專用的附矩形窗口的禮盒裝花卉餅乾。裝飾的花朵直接變成禮盒的設計。如果想要有點高度，就把原味餅乾疊在下面。

水族瓶風格的包裝

把瓶子倒過來罩住多肉植物杯子蛋糕裝飾，便有水族瓶的氣氛。不經意地擺在餐桌上，就能呈現驚喜感。

多個甜點最適合附蓋禮盒

馬卡龍要用能蓋上蓋子的附矩形窗口的禮盒。不同於單一包裝的美感，呈現得更加華麗。

有準備會很方便的物品

點心的包裝材料可在烘焙材料行取得。配合製作的甜點與場合下點工夫吧！

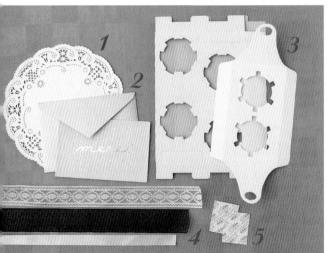

1 花邊紙

鋪在蛋糕底下，也能當作盤子使用。

2 訊息卡

配合生日或答謝等目的挑選卡片。手作卡片更顯得有誠意。

3 杯子蛋糕架

用厚紙製成，適合用來固定杯子蛋糕。配合盒子的大小切割使用，有些蛋糕盒則是已經預先裝在裡面。

4 緞帶

準備各種材質與顏色，配合目的與贈送對象搭配組合吧！

5 乾燥劑

使用薄片狀、不占空間的防潮乾燥劑。具吸濕性的材料本體從兩面疊層加工而成。

海綿蛋糕、原味杯子蛋糕

🍥 材料
（直徑 15cm 的圓形蛋糕 1 個、杯子蛋糕 12 個）

低筋麵粉…60g

雞蛋（M 尺寸）…2 顆

精白砂糖（或白砂糖）…60g

奶油（無鹽）…20g

牛乳…20g

🍥 事前準備

· 把隔水加熱用的水煮沸。

· 把烘焙紙鋪在模型裡面。
〈底〉直徑 15cm 的圓形 1 張
〈側面〉高 5cm× 長 20cm 的長方形
1 張

🍥 海綿蛋糕的做法

1 把雞蛋放進鋼盆，用打蛋器打散，加入精白砂糖充分攪拌。

2 一邊隔水加熱步驟 *1* 的鋼盆，一邊打發。待精白砂糖完全融化，溫度和人體肌膚差不多就可以了。拿掉隔水加熱的熱水。

3 把奶油和牛奶倒進小鋼盆，隔水加熱。在使用之前以步驟 *2* 的狀態持續保溫。

4 用手持攪拌器打發步驟 *2* 的材料 2 分鐘（1 顆雞蛋 1 分鐘）。一邊把手持攪拌器和鋼盆逆轉，一邊打發。

5 拿起手持攪拌器時，只要稠度達到可以用麵糊寫字的程度，就是最佳狀態。

6 手持攪拌器改成低速，緩慢轉動，調整肌理，直到肌理變成緞帶狀。

7 一邊將低筋麵粉篩進步驟 *6*，一邊用橡膠刮刀切割，快速攪拌 60 次。橡膠刮刀垂直，朝 12 點鐘方向切入，同時轉動鋼盆，像是把底部的麵糊撈起似的往跟前翻攪，然後往 9 點鐘方向切出。

8 隔著橡膠刮刀，把步驟 *3* 隔水加熱的材料倒入，讓材料布滿步驟 *7* 的表面整體。利用與步驟 *7* 相同的方法，快速攪拌 60 次。

9 把麵糊倒進圓形模的中央。拍打模型，擠出空氣。

10 用 170℃ 的烤箱烘烤 35 分鐘。用手指按壓表面，只要具有彈性就完成了。烘烤完成後，馬上連同模型從 20cm 左右的高處往下摔落 1 次，倒放在鋪了紙巾的檯子上，放涼即可。

🍥 製作原味杯子蛋糕時

9 做法到步驟 *8* 為止都和海綿蛋糕相同。杯子蛋糕要在瑪芬模裡面鋪上烘焙杯，倒進的麵糊份量以模型的 8 分滿為標準。稍微拍打模型，擠出空氣。

10 用 170℃ 的烤箱烘烤 20 分鐘。用手指按壓表面，只要具有彈性就完成了。

簡單餅乾

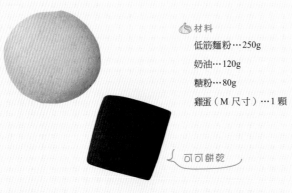

可可餅乾

🍥 材料

低筋麵粉…250g

奶油…120g

糖粉…80g

雞蛋（M 尺寸）…1 顆

🍥 事前準備

·奶油與雞蛋恢復成常溫，低筋麵粉過篩。

🍥 做法

1 把奶油倒進鋼盆，用橡膠刮刀攪拌到變得滑順。

2 在步驟 *1* 加入糖粉，攪拌到變得滑順。

3 慢慢將蛋液加入步驟 *2*，一邊加一邊攪拌。

4 加入⅓的低筋麵粉攪拌，攪拌 8 成後，將剩下的低筋麵粉分成 2 次加入，每次都直接攪拌。

5 用保鮮膜包好，放進冷藏庫靜置 1 小時。

6 麵團夾在保鮮膜和烘焙紙之間，用擀麵棍擀成 3～4mm 的厚度。

7 喜歡的模型裡撒一些手粉。取下麵團，排在鋪了烘焙紙的烤盤上。麵團太軟很難取下時，先放進冷藏庫冰到變硬，烤好時就不會膨脹，也會出現漂亮的細緻線條。

8 用 170℃的烤箱烘烤 20 分鐘。（按照餅乾的大小調整時間）

🍥 製作可可餅乾時

把簡單餅乾材料的低筋麵粉改成 220g，並追加 30g 可可粉。如果想讓顏色烏黑，可將 30g 可可粉之中的 15g 改成黑可可粉。

🍥 皇家糖霜

材料（容易製作的份量、約 10 片）

糖粉…100g　蛋白…20g　食用色素（依個人喜好）…適量

做法

在打散的蛋白加入糖粉，攪拌到出現光澤。用湯匙撈起時會慢慢流下的稠度，就是完成的標準。太軟就加糖粉，太硬就慢慢加入少許蛋白調整。如果想增添色彩，就加入少許食用色素充分攪拌，別讓顏色出現濃淡不均。

Point

利用衛生筷使厚度均勻
在麵團兩邊放置衛生筷，就能擀得厚度均勻。若想做成有厚度的餅乾，就疊上 2 副衛生筷擀麵團。

義大利蛋白霜馬卡龍

可可馬卡龍

🍬 材料（直徑 3.5cm 馬卡龍約 30 個）

Ⓐ
蛋白…40g
乾燥蛋白…1g
精白砂糖…110g
水…30g

Ⓑ
杏仁粉…110g
糖粉…110g
蛋白…40g

🍬 事前準備

・乾燥蛋白加入蛋白中攪拌，使之溶合在一起。

・杏仁粉和糖粉倒入食物處理機攪到變得滑順，先放進冷藏庫。

・如果沒有食物處理機，就用過篩的方式。

🍬 重點

・注意管理杏仁粉的溫度。一定要冷凍保存。

・加入乾燥蛋白後，使打發的蛋白泡沫穩定，就能製作綿密的蛋白霜。

🍬 做法

1 用Ⓐ的材料製作義大利蛋白霜。把蛋白和乾燥蛋白倒進鋼盆，用打蛋器讓整體融合在一起。再用手持攪拌器把蛋白的水分都打成輕軟的泡沫。

2 把Ⓐ的水和精白砂糖倒入鍋中，熬煮到 117℃。

3 把步驟 2 的糖漿加進打發的蛋白中打發。這時，糖漿不是一次全加進去，而是沿著鋼盆邊緣呈線條狀滴下。打發到餘熱散去，義大利蛋白霜就完成了。

4 Ⓑ已經過篩的杏仁粉和糖粉倒進鋼盆，加入蛋白和食用色素攪拌均勻。

5 把義大利蛋白霜加進步驟 4 的麵糊中，整體攪拌到與麵糊變均勻。攪拌一定程度後，用橡膠刮刀從鋼盆側面擠壓底部攪拌。

6 蛋白霜的泡沫都壓破，舀起時變成會層層流下的稠度就算完成。

7 擠花袋裝上直徑 0.8～1 公分的圓形花嘴，然後把麵糊裝填至袋內。烤盤紙鋪在烤盤上，將馬卡龍麵糊擠成 3.5 公分的圓形。

8 靜置 10 分鐘使表面乾燥後，放進預熱到 140℃的烤箱烘烤 15 分鐘。

9 烘烤 10 分鐘開始出現烤色後，先打開烤箱門，讓裡面的濕氣散去，烤盤的前後也掉換。烤好後從烤箱取出，在烤盤上放涼。

Point

義大利蛋白霜的狀態
流下的麵糊會停留一會兒，就表示義大利蛋白霜和杏仁粉攪拌完成。

擠出馬卡龍的麵糊
把馬卡龍的麵糊擠成 3.5cm 的圓形。如果麵糊的狀態不錯，擠出的痕跡會自然消失，不會留下。乾燥 10 分鐘後再烘烤，就會烤得很漂亮。

巧克力杯子蛋糕

🍫 材料（直徑 5cn 的瑪芬 6 個）

奶油…70g	低筋麵粉…100g
砂糖…65g	發粉…1 小匙
鹽…一撮	可可粉…10g
雞蛋（M 尺寸）…1 顆	甜巧克力…60g
牛奶…20g	※ 使用牛奶巧克力 　會容易融化
無鹽優格…2 大匙	

🍫 事前準備

· 雞蛋充分打散。牛奶、優格加在一起測
  量。兩者皆恢復成常溫。

· 粉類加在一起過篩。

· 巧克力先切碎。

🍫 做法

1 把奶油倒進鋼盆攪拌成乳脂狀。加入砂糖和鹽攪拌到變
成白色。

2 慢慢把蛋液加入步驟*1*，一邊加入一邊攪拌均勻。麵糊
鬆軟變成 2 倍大小就是完成的標準。

3 粉類和牛奶類輪流加入，用橡膠刮刀直接攪拌。為避免
兩者分離，以粉→液體→粉→液體→粉的順序加入，最
後以粉結束。

4 加入切碎的巧克力直接攪拌。

5 將步驟*4*的麵糊倒進模型至 8 分滿。用預熱到 170℃的
烤箱烘烤約 20 分鐘。

🍫 製作紅絲絨杯子蛋糕時

材料
準備以下材料代替甜巧克力

紅色色素…1 大匙　小蘇打粉…1 大匙　醋…1 大匙

事前準備

· 除了巧克力杯子蛋糕上述的準備，再加上以下的準備。

· 1 大匙食用色素用 1 大匙水（額外份量）充分溶解。

· 使用天然色素，顏色會變得混濁。如果想呈現漂亮
  的紅色，就用食品添加物紅色 102 號。

· 小蘇打粉和醋加在一起起泡。

做法
到巧克力杯子蛋糕的步驟*1*、*2*為止做法相同。在加
入粉類、牛奶類之前的步驟*2*，加入用 1 大匙水溶解
的食用色素充分攪拌。以相同方式進行步驟*3*，小蘇
打粉和醋加在一起起泡，用來代替步驟*4*加入並充分
攪拌。最後進行步驟*5*。

Point

可可粉過篩 3 次
可可粉過篩 3 次，才能和
低筋麵粉等完全混合。注意
如果沒有充分混合，麵糊就
會變得太硬。

紅絲絨
杯子蛋糕的上色訣竅
如果想讓麵糊變紅，就用牙籤的後
端撈取 2 次食用色素，用水溶解後
再加進麵糊裡。若是使用天然色素
會變成柔和的紅色。假如攪拌不足
會容易結塊，這點須注意。

烤甜甜圈

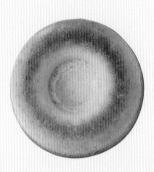

🍥 材料

奶油…35g

精白砂糖…45g

雞蛋（M 尺寸）…1 顆

杏仁粉…15g

鹽…少許

低筋麵粉…50g

發粉…½ 小匙

蜂蜜…1 大匙

🍥 事前準備

· 把奶油（額外份量）塗在模型裡，撒上薄薄一層低筋麵粉（額外份量），把多餘的麵粉弄掉，使用之前先放進冷藏庫（若是樹脂模型就無須準備）。

· 低筋麵粉、杏仁粉和發粉加在一起，然後過篩。

· 雞蛋恢復成常溫。

· 奶油隔水加熱融化，先保溫。

🍥 做法

1 把雞蛋倒進鋼盆打散，加入精白砂糖用打蛋器充分攪拌。整體變柔軟後，加入蜂蜜攪拌。

2 低筋麵粉、杏仁粉和發粉加在一起過篩，再加入鹽巴用橡膠刮刀直接攪拌。粉末消失後立刻停止攪拌。

3 加入保溫的融化奶油，直接攪拌到出現光澤。

4 將麵糊倒進模型至 8 分滿。用預熱到 170℃的烤箱烘烤 15 ～ 20 分鐘。

5 烤好後把模型倒過來，取出甜甜圈冷卻。餘熱散去後裝進容器內保存，避免甜甜圈變乾燥。

Point

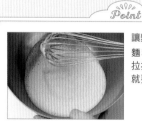

讓麵糊鬆軟的訣竅
麵糊攪拌過度會變得稀稀拉拉。產生大一點的泡沫後就要停止攪拌。

香草磅蛋糕

材料

(17×8×5.5cm 的磅蛋糕 1 個
或 5.5cm 的杯子蛋糕 8 個)

奶油…85g

精白砂糖…85g

雞蛋…85g

杏仁粉…35g

鹽…少許

低筋麵粉…90g

發粉…少於 1 小匙

香草豆…1 根

※ 用香草油或香草豆的油
浸泡都可以。

事前準備

· 先把奶油（額外份量）塗在模型裡，撒
上薄薄一層低筋麵粉（額外份量），把
多餘的麵粉弄掉，使用之前先放進冷藏
庫。

· 製作杯子蛋糕時，把烘烤杯鋪在模型上。

· 低筋麵粉和發粉加在一起，用萬能過濾
器過篩。

· 奶油和雞蛋恢復成常溫。

做法

1 把奶油放進鋼盆攪拌成乳脂狀。加入精白砂糖和鹽巴充
分攪拌到變成白色。

2 雞蛋打散，把一半慢慢加入步驟 *1*，一邊加入一邊用手
持攪拌器充分攪拌。再加進杏仁粉和鹽巴攪拌，剩下的
蛋液也慢慢加入攪拌。

3 先加入過篩的粉類，用橡膠刮刀從鋼盆底部大力撈起，
切割攪拌。

4 粉末消失後麵糊變得滑順，出現光澤便完成。

5 把麵糊倒入磅蛋糕模至 7 分滿，表面弄平，拿模型輕
輕敲打檯子，擠出空氣。用預熱到 170℃的烤箱烘烤
35 ～ 45 分鐘（視火力調整到 180℃）。製作杯子蛋糕
時，把麵糊倒進烘烤杯超過一半，輕輕拍打烘烤杯擠
出空氣，用 170℃的烤箱烘烤約 20 分鐘。

6 烤好後從模型取出，放在蛋糕冷卻架上冷卻。

Point

麵糊倒入模型的標準
把做好的麵糊倒入用奶油和
麵粉準備好的模型裡。麵糊
烘烤後會膨脹，所以倒到模
型的 7 分滿即可。

**推薦方便使用的
泡過油的香草豆**
推薦方便使用的泡過油的香草豆。
可在烘焙材料行或網路商店取得。

PROFILE

長嶋清美

歷經英國的留學經驗後，開始對糕點製作產生興趣。回國後，在甜點店擔任甜點師傅。同時拜藤野真紀子為師。現在，在自宅及文化學校舉辦蛋糕裝飾、糖霜餅乾的甜點教室。著有《和モチーフのアイシングクッキーレシピ（可愛和風造型彩繪糖霜餅乾製作食譜集）》（Boutique-sha出版）、《第一次就擠出夢幻花蛋糕：用輕盈奶油霜將花種上蛋糕》（中文版瑞昇文化）

· 部落格 https://ameblo.jp/sakurabloom28/
· instagram https://www.instagram.com/sakura_bloom_sweets

TITLE

不困難！繽紛綻放小擠花

STAFF

出版	瑞昇文化事業股份有限公司
作者	長嶋清美
譯者	闕韻哲
總編輯	郭湘齡
文字編輯	徐承義　蔣詩綺　李冠緯
美術編輯	孫慧琪
排版	曾兆珩
製版	印研科技有限公司
印刷	榮豐美彩印刷有限公司
法律顧問	經兆國際法律事務所　黃沛聲律師
戶名	瑞昇文化事業股份有限公司
劃撥帳號	19598343
地址	新北市中和區景平路464巷2弄1-4號
電話	(02)2945-3191
傳真	(02)2945-3190
網址	www.rising-books.com.tw
Mail	deepblue@rising-books.com.tw
初版日期	2019年6月
定價	300元

ORIGINAL JAPANESE EDITION STAFF

発行人	大沼 淳
撮影	よねくらりょう
	福井裕子
スタイリング	木村 遥（STUDIO DUNK）
デザイン	李 雁（STUDIO DUNK）
編集	千葉裕太（STUDIO PORTO）
	内藤真左子
	平山伸子（文化出版局）
校正	岡野修也
撮影協力	UTUWA
商品提供	cotta

國家圖書館出版品預行編目資料

不困難!繽紛綻放小擠花 / 長嶋清美作;
闕韻哲譯. -- 初版. -- 新北市：瑞昇文化,
2019.05
72 面；21 x 20 公分
ISBN 978-986-401-339-5(平裝)

1.點心食譜

427.16　　　　　　　108006106